EXTRAIT DES ANNALES DE L'INSTITUT NATIONAL AGRONOMIQUE
TOME XIII, 1893

# MALADIES
# DES MURIERS

PAR MM.

## PRILLIEUX et DELACROIX

PROFESSEUR A L'INSTITUT NATIONAL
AGRONOMIQUE

DIRECTEUR DU LABORATOIRE DE PATHOLOGIE
VÉGÉTALE

RÉPÉTITEUR A L'INSTITUT NATIONAL
AGRONOMIQUE

CHEF DES TRAVAUX DU LABORATOIRE
DE PATHOLOGIE VÉGÉTALE

BERGER-LEVRAULT ET Cie, LIBRAIRES-ÉDITEURS

PARIS
Rue des Beaux-Arts, 5

NANCY
Rue des Glacis, 18

1894

EXTRAIT DES ANNALES DE L'INSTITUT NATIONAL AGRONOMIQUE
TOME XIII, 1893

# MALADIES

# DES MURIERS

PAR MM.

PRILLIEUX   ET   DELACROIX

PROFESSEUR A L'INSTITUT NATIONAL
AGRONOMIQUE

DIRECTEUR DU LABORATOIRE DE PATHOLOGIE
VÉGÉTALE

RÉPÉTITEUR A L'INSTITUT NATIONAL
AGRONOMIQUE

CHEF DES TRAVAUX DU LABORATOIRE
DE PATHOLOGIE VÉGÉTALE

BERGER-LEVRAULT ET C<sup>ie</sup>, LIBRAIRES-ÉDITEURS

PARIS
Rue des Beaux-Arts, 5

NANCY
Rue des Glacis, 18

1894

# MALADIES

# DES MURIERS

—

Chargés par M. le Ministre de l'agriculture d'une étude sur les maladies qui envahissent le mûrier, nous n'avons pas cru dans le rapport que nous avons rédigé et qui a paru dans le Bulletin du Ministère de l'agriculture[1], devoir développer différents points intéressant la structure et l'histoire naturelle des champignons parasites du mûrier.

Dans le présent mémoire, nous complétons notre étude, en l'accompagnant des planches qu'elle comporte.

Ces maladies du mûrier ont fait depuis une dizaine d'années l'objet d'un certain nombre de travaux. Les plus importants sont ceux de MM. Cornu[2], J. de Seynes, A.-N. Berlèse[3].

Dans l'étude que nous allons en faire, nous divisons, comme l'a fait M. Cornu, les maladies du mûrier en trois groupes :

Maladies de la feuille ;
Maladies du tronc et des rameaux ;
Maladies des racines.

1. Prillieux et Delacroix, *Rapport sur les maladies du mûrier*, in *Bull. du min. de l'agric.*, 1893, p. 452.

2. Maxime Cornu, *Rapport sur le dépérissement et la mort des mûriers*, in *Bull. du min. de l'agr.* 1883.

3. A.-N. Berlèse, *Le Malattie del Gelso prodotte dai parassiti vegetali*, Padova, 1885.

## I. — MALADIES DE LA FEUILLE

Chez beaucoup de plantes qui souffrent, bien que leur état maladif ne se manifeste extérieurement que par le desséchement partiel ou total, le jaunissement, la caducité précoce des feuilles, ou encore l'arrêt de leur développement, c'est dans un autre organe que l'on doit rechercher la cause réelle de ces différents troubles pathologiques.

Cela est vrai particulièrement pour le mûrier. On ne peut véritablement qualifier de maladie des feuilles que la lésion produite sur elles par un petit champignon parasite, qui cause ce que les cultivateurs appellent la *rouille* du mûrier.

Ce champignon est le *Phleospora Mori Sacc.* (*Cheilaria M. Desm.* ; *Septoria M. Lév.* ; *Fusisporium M.*) [pl. I, fig. 1] de la famille des sphérioïdées ; ses dégâts sont d'ailleurs insignifiants si on les compare à ceux que produisent les parasites des racines.

L'infection des feuilles par le *Phleospora Mori* se manifeste, au printemps déjà, sur les jeunes feuilles par des taches d'un brun fauve, parfois irrégulières, ce qui arrive surtout lorsque deux ou plusieurs taches deviennent confluentes. Ces taches sont marginées, entourées d'un liseré étroit d'une coloration un peu plus intense que le restant de la tache. Bientôt apparaissent dans cette tache un ou plusieurs coussinets de stroma que l'on a considérés comme des périthèces largement ouverts, portant des spores allongées, hyalines qui sont les agents de reproduction du parasite (pl. I, fig. 2 et 3).

Le parasite végète et se perpétue pendant toute la durée de la végétation foliaire, mais l'humidité favorise singulièrement la production et l'extension de la maladie: elle est plus abondante dans les périodes pluvieuses, plus commune dans les bas-fonds et les endroits humides que dans les parties sèches. Celles-ci n'en sont pourtant pas toujours exemptes. De plus, sa répartition est très inégale ; alors que dans un clos de mûriers, quelques arbres sont très atteints, on trouve leurs voisins indemnes, et sur un même pied, on peut trouver une portion très attaquée, tandis que le reste ne porte pas trace de la maladie. Le parasite se montre aussi bien sur les mûriers vigoureux que sur ceux qui sont chétifs ou souffrent d'une autre maladie, fait reconnu déjà par Berlèse[1] et

---

1. *Loc. cit.*, p. 15.

qui infirme l'opinion exprimée par O. Comes [1] que le *Phleospora Mori* ne se rencontre que sur les mûriers envahis par l'*Agaricus melleus*.

Il est assez difficile de se prononcer sur la façon dont se transmet le parasite d'une année à l'autre. Sa forme parfaite n'est pas établie avec certitude. Il est vrai qu'on a considéré une sphériacée qui se forme durant l'hiver sur les feuilles de mûrier tombées sur la terre, le *Sphærella Mori* Fückel, comme la forme parfaite du *Phleospora Mori*, mais le fait n'est pas encore positivement établi.

Il est certain que la cueillette complète de toutes les feuilles malades serait sans doute un fort bon moyen d'arrêter la propagation du parasite, mais la chose est, pour ainsi dire, impossible. On atteint en partie le même but en récoltant les feuilles à l'automne au moment où elles vont tomber, pour servir à la nourriture du bétail pendant l'hiver, et en faisant ensuite pâturer les moutons dans les clos de mûriers.

Les dégâts produits sont souvent de faible importance et se réduisent à la perte d'une quantité de feuilles assez minime, car le ver à soie contourne sans les jamais ronger les parties envahies par le parasite. Mais si, pour une cause quelconque, le nombre des taches est considérable sur les feuilles, et si le champignon les a envahies dès leur apparition, leurs fonctions sont entravées, l'assimilation du carbone, l'élaboration des aliments de réserve s'accomplissent mal, la nutrition générale devient languissante. D'un autre côté, lorsque le mûrier ainsi atteint est déjà chétif ou sous l'empire d'une autre maladie, le *Phleospora Mori* peut acquérir une importance réelle et causer du dommage.

La rouille du mûrier est répandue partout où cet arbre existe. En Italie, où on l'appelle *seccume, ruggine, macchie delle foglie*, elle paraît particulièrement abondante.

En France, les cultivateurs méconnaissent en général le caractère contagieux de cette maladie, qu'ils attribuent aux influences atmosphériques, aux brouillards.

Quand la pébrine s'est montrée sur les vers à soie, on avait incriminé le *Phleospora Mori*, mais rien n'autorisait cette supposition, et l'idée fut vite abandonnée. C'est seulement pour mémoire que nous citerons ici une note de M. Hallauer, intitulée: « Les lichens du mûrier et leur influence sur la sériciculture » (*Comptes rendus de l'Académie des sciences*, T. CXII, p. 1280), dans laquelle l'auteur attribue les taches de rouille des feuilles du mûrier à des « grains de

---

1. O. Comes, *Le Crittogame parassite delle piante coltivate*, p. 186.

semences ou anthérozoïdes de lichens », qui, selon lui, pourraient infecter les vers à soie.

Un sériciculteur d'Alais, M. Laurent de l'Arbousset, nous a signalé une maladie attaquant les feuilles, qu'il observait sur le mûrier à Gonfaron (Var) et dans quelques autres localités de cette région. Les échantillons que nous avons eus sous les yeux ne nous ont pas permis d'y trouver aucun parasite, champignon ou insecte. D'un autre côté, les racines paraissaient tout à fait saines.

Voici comment cette maladie se manifeste extérieurement:

Elle apparaît vers le mois de mai au moment de la pousse du mûrier. La partie supérieure des rameaux se dessèche, l'écorce se crispe légèrement et tourne au grisâtre. Dans la partie malade, les bourgeons sont atteints, ils ne se développent que faiblement, et les feuilles qui en proviennent ne tardent pas à jaunir et à se dessécher complètement. Au-dessous du point d'attaque, la végétation continue normalement.

Peut-être est-ce là cette maladie connue en Italie sous le nom de *Nebbia*, dont l'équivalent français est *Nuile* (*tempora nubila*). Ce terme de nuile est appliqué en France à une affection des feuilles de melon, longtemps attribuée aux influences atmosphériques, et qui, en réalité, est le fait d'un champignon parasite. La nuile des mûriers, d'après O. Penzig et T. Poggi[1], serait due à un défaut d'équilibre entre l'évaporation de l'eau dans la partie aérienne de la plante et l'absorption du même liquide par les parties souterraines. Elle se trouve, en tout cas, en relation avec la sécheresse du sol au printemps, produite par la persistance d'un temps chaud et sec, à l'époque où les bourgeons se développent.

Quelle que soit la vraisemblance de cette théorie, il ne faut pourtant l'accepter qu'avec réserve. La maladie d'ailleurs paraît peu répandue en France, ou, si du moins, elle y est plus fréquente, on l'a confondue avec d'autres, imputables aux parasites des racines.

## II. — MALADIES DU TRONC ET DES RAMEAUX

Chez le mûrier, comme chez beaucoup d'autres arbres forestiers ou fruitiers, bien des maladies sont produites par des para-

1. O. Penzig et T. Poggi, *La Malattia dei Gelsi nella primavera del* 1884. (*Bollettino di Bachicoltura di Padova*, n° 4.)

sites qui pénètrent par des blessures faites aux arbres, soit par la main de l'homme, ou les agents atmosphériques (gélivures, par exemple), soit par les insectes.

Le plus dangereux parasite de ce genre est, pour le mûrier, le *Polyporus hispidus* Bull, qui, dans les Cévennes, porte le nom de langue du mûrier ou amadouvier. On l'observe aussi sur un certain nombre d'autres arbres feuillus, chêne, hêtre ou frêne, mais surtout le noyer. Dans la Bretagne, le Perche et la Normandie, cette espèce nuit particulièrement au pommier. Sur le mûrier, ce sont en général les plaies de taille et d'élagage qui lui servent de porte d'entrée, ou encore ces fissures longitudinales (gélivures) plus ou moins étendues qu'on voit sur le tronc ; elles sont le siège d'un écoulement de sève et de suc laticifère qui se dessèche et brunit à l'air, constituant un milieu éminemment favorable à la germination des spores.

C'est le bois de cœur qui est attaqué par le champignon. Sous l'influence du mycélium parasite, il prend d'abord une couleur brune, par suite de la transformation du contenu des cellules et de la matière incrustante des fibres en une matière gommeuse brune, puis tous les éléments ligneux sont corrodés et le bois devient mou, léger et spongieux. L'altération se propage en gagnant les couches extérieures et envahissant peu à peu le bois plus jeune qui se trouve toujours séparé du bois de cœur, très altéré, par une zone mince d'un brun foncé.

Les fructifications du *Polyporus hispidus* apparaissent à l'automne sur les points où l'altération gagne jusqu'à l'écorce. Elles peuvent atteindre et même dépasser comme dimension la grosseur d'une tête d'enfant (pl. IV, fig. 1). Le chapeau est sessile et plus ou moins arrondi, en forme de coussin épais ou de console ; sa face supérieure fort bombée est couverte de poils agglutinés en petites lames dentelées comme des lames d'étrille et colorés en brun plus ou moins foncé. Jeune, il est mou et spongieux, la surface est jaune ou marron clair, la chair fibreuse, humide, jaune pâle et de saveur acide. Le bord du chapeau en voie de croissance est d'un jaune pâle qui, peu à peu, devient plus vif, puis brunit. Sa face inférieure porte la couche de tubes hyménophores, dont les pores sont jaune clair. Les basides renflées en massue portent à leur sommet quatre stérigmates, à l'extrémité desquels naissent les spores qui sont brunes, à peu près ovoïdes, d'une dimension de $5 - 6 \times 3\ \mu$ environ. En vieillissant, le chapeau se dessèche, devient cassant et prend une couleur brun-noir uniforme. Ce chapeau, mort et desséché, peut persister plus d'une année sur l'arbre. A.-N. Berlèse[1] rattache au *Polyporus hispidus* une espèce décrite par Micheli (*Nov. pl. gen.*, p. 118, n° 7) sous le nom d'*Agaricum Gelsis seu Moris adnascens squamosum*, etc. La plante de Micheli ne serait d'après A.-N. Berlèse qu'un *Polyporus hispidus* mal venu et présentant des anomalies de développement par suite de conditions météorologiques défavorables. Le champignon est alors d'une consistance plus dure et se montre lobé irrégulièrement.

Dans le même opuscule, A.-N. Berlèse fait aussi observer que le *Polyporus hispidus* ne doit pas être confondu avec le *Polyporus Gelsorum* de Fries, appelé par Micheli (*Nov. pl. gen.*, p. 118, n° 3) *Agaricum Gelsis seu Moris adnascens ex obscuro ferrugineum*, considéré par Berlèse comme fort voisin du *Polyporus ignarius*, s'il ne lui est identique. Enfin on doit encore distinguer du champignon que nous avons en vue une dernière espèce de Micheli (*Nov. pl. gen.*, p. 119, n° 19), l'*Agaricum Gelsis seu Moris adnascens subpurpureum* que Berlèse ne croit pas différent du *Polyporus squamosus*.

D'ailleurs, ces deux espèces (*Polyporus Gelsorum* et *P. squamosus*) sont rares en France sur le mûrier.

C'est à l'automne, au moment de la maturité du champignon, que l'infection se produit. Les spores mûres, transportées par le vent ou toute autre cause, tombant sur une plaie humide qui pénètre jusqu'au vieux bois, y germent rapidement et la maladie est établie.

Le mycélium est blanc et formé de filaments très déliés dans les tissus à peine envahis ou fort décomposés. Il prend une couleur brune dans les parties du bois où les éléments, à parois encore à peu près intactes, sont remplis de gomme brune. C'est là que ses filaments présentent la plus grosse taille. Plus tard quand la matière brune dont ils se nourrissent est épuisée et qu'ils corrodent les parois des fibres et des vaisseaux, ils sont minces, grêles et incolores.

La branche ainsi attaquée ne tarde pas à se dessécher, et plus tard, elle se carie entièrement.

Quand une partie du bois est encore vivante, la limite de ce bois sain et du bois mort, est souvent très visible par la présence d'une ligne noire, sinueuse, où les filaments du mycélium se montrent au microscope pressés et accolés les uns contre les autres.

Quand l'infection débute par le tronc, l'envahissement n'en est pas moins complet au bout de quelque temps, et l'arbre périt en

---

1. *Nuovo Giornale bot. ital.*, vol. XXI, n° 4, octobre 1889.

fournissant parfois au pied quelques maigres rejetons dont la durée est éphémère.

On ne saurait trop se hâter d'appliquer le seul remède qui puisse être efficace et qui consiste à enlever les parties atteintes : couper la branche avec une portion de la partie encore saine, si le rameau seul est atteint, et si c'est le tronc, entailler profondément jusqu'au vif, en empiétant sur le bois qui paraît encore en bon état. Il est indispensable de pratiquer cette opération à une époque autre que l'automne qui est la période de fructification du parasite ; il faut aussi choisir un temps chaud et sec. L'opération terminée, il sera utile de recouvrir la plaie avec du coaltar ou un onguent quelconque. Avant d'appliquer le coaltar, on doit conseiller de mouiller la plaie avec une solution de sulfate de fer à 50 p. 100, aiguisée de 1 p. 100 d'acide sulfurique, comme on pratique pour le traitement d'hiver de l'anthracnose de la vigne ou le chancre du pommier. Ces applications ont pour but, non seulement d'empê- cher la pénétration de nouvelles spores, mais encore d'arrêter l'é- coulement considérable de suc laticifère dont la plaie serait le siège et qui fatiguerait inutilement l'arbre. La méthode devrait d'ailleurs être généralisée pour tous les arbres, autres que des mû- riers, atteints d'une maladie analogue et pour une plaie quel- conque faite à l'arbre.

En même temps, on prendra soin d'ameublir le sol au voisinage des racines du mûrier et d'y ajouter un copieux engrais azoté, fumier par exemple.

En appliquant ce procédé avec les précautions voulues, on peut arriver à sauver l'arbre. Ensuite, pendant un an ou deux, on devra lui « donner la feuille », comme on dit, c'est-à-dire éviter de l'effeuiller. Le bourrelet cicatriciel ne tarde pas à se former ; quelques années après, ses lèvres se rejoignent, recouvrent entière- ment la plaie et l'arbre a repris en grande partie sa vigueur pri- mitive.

Cette opération, qui se faisait couramment autrefois, est malheu- reusement presque toujours négligée aujourd'hui.

Quand le traitement échoue, quoique fait avec soin, cela tient à ce que le bois attaqué n'a pas été enlevé assez profondé- ment, ou bien à ce que le mûrier est envahi en même temps par une maladie des racines, contre laquelle ce traitement est im- puissant.

Le *Polyporus hispidus* est répandu un peu partout, mais, dans le Var, il paraît exercer des dégâts plus considérables que partout ailleurs.

En voici, nous semble-t-il, la raison :

Dans ce pays, on ne s'occupe guère du ver à soie qu'en vue du grainage, et les graines y sont très renommées, sans doute à cause du soin qu'on apporte à leur production. Par suite de ce genre spécial d'exploitation, les éducations sont en général restreintes, et en conséquence, on n'a besoin de récolter que de petites quantités de feuilles ; au contraire, dans les pays où on fait du cocon pour la filature, ce qui nécessite l'emploi d'une grande quantité de feuilles à la fois, on pratique la taille annuelle qui n'a qu'un but, l'économie de main-d'œuvre dans la récolte de la feuille, car elle fournit des branches droites, non encore ramifiées et qui s'effeuillent d'un coup.

Dans le Var, cette considération perd beaucoup de sa valeur et on comprend facilement que la coutume se soit établie de ne tailler que tous les huit ou dix ans ; mais cette taille est radicale, car on élague toutes les branches, et l'arbre ainsi traité se présente comme un pieu fiché en terre.

Avec ces plaies très étendues et qu'on ne prend jamais la peine de recouvrir d'un enduit protecteur, l'infection est facile et plus fréquente. Et comme on ne fait pas non plus l'extirpation de la partie atteinte, le nombre des arbres envahis est considérable.

Un certain nombre de champignons parasites peuvent produire sur le mûrier des lésions et des désordres assez comparables à ceux du *Polyporus hispidus*. Ils s'introduisent comme lui par des plaies ; mais leur action est beaucoup plus localisée et ils sont relativement peu répandus.

Tels sont le *Stereum hirsutum*, espèce fréquente sur les bois, où elle est le plus souvent saprophyte, mais que l'on peut observer parfois vivant aussi en parasite ; le *Schizophyllum commune* ; l'Oreille-de-Judas (*Hirneola Auricula-Judæ*), champignon mou, d'un pourpre grisâtre, en forme d'oreille et qui se présente aussi sur plusieurs autres arbustes : sureau, noyer, lilas, fusain, etc. ; le *Polyporus obliquus*, dont la fructification étalée recouvre entièrement parfois les plaies d'élagage ; le *Nectria cinnabarina* et plus particulièrement sa forme conidienne, *Tubercularia vulgaris*, commun sur beaucoup d'arbres, souvent saprophyte, mais que nous avons vu très nettement envahir progressivement un mûrier vivant dans un jardin et le détruire en quelques années.

## III. — MALADIES DES RACINES

Les plus importantes et les plus dangereuses des maladies du mûrier sont celles qui attaquent les racines. Ce sont elles qui tuent les mûriers et en ont considérablement diminué le nombre ; elles seules qui causent les appréhensions si grandes des sériciculteurs.

Elles peuvent être produites par trois espèces différentes de champignons parasites : un hyménomycète l'*Agaricus melleus*, et deux sphériacées qui ont entre elles bien des points de ressemblance, le *Rosellinia aquila* et le *Dematophora necatrix*. Toutes trois ont sur le mûrier à peu près la même action ; les maladies qu'elles produisent se présentent avec des symptômes analogues, et les différences qu'on observe dans les manifestations de leur effet nuisible tiennent soit aux variations que peut affecter le mode d'attaque, soit aux circonstances extérieures qui l'accompagnent.

Interrogez un cultivateur des Cévennes sur la question, il vous répond invariablement qu'il y a deux maladies du mûrier : la maladie des branches et la maladie des racines.

Si l'arbre atteint est planté dans un endroit sec, sur un coteau, où il mourra en trois ou quatre ans, après que les branches et les feuilles se seront successivement desséchées : c'est la maladie des branches.

Si, au contraire, il végète dans un bas-fond, sur le bord d'un cours d'eau, et, ce qui a presque toujours lieu dans ce cas, qu'il périsse l'année même de l'attaque, les bourgeons à peine développés : c'est la maladie des racines.

Pourtant, dans les deux cas, la cause est la même ; il résulte de nos recherches, et la chose nous paraît bien établie, que chacun des parasites des racines peut produire indistinctement l'une ou l'autre forme de la maladie, formes également graves, également fatales, car lorsque l'état de souffrance de l'arbre commence à déceler leur présence, elles sont déjà incurables.

**Agaricus melleus**. — L'*Agaricus melleus* appartient à la famille des Basidiomycètes et au groupe des Hyménomycètes. On l'a classé parmi les Agaricinées dans le sous-genre *Armillaria* (*Armillaria mellea*). Ce champignon est très fréquent dans les forêts et sur un grand nombre d'espèces arborescentes. Son aire de dispersion est également très étendue ; il existe aussi bien dans l'ancien et le nouveau monde qu'en Australie.

Il attaque les arbres forestiers feuillus : chêne, hêtre, charme, bouleau, peuplier, robinier, etc. ; les résineux : pins, sapins, mélèze, cèdre, aussi bien que la vigne, le figuier, le noyer, le mûrier et les arbres à fruits : pommier, poirier, cerisier, etc. Quand l'arbre est mort, ou que tout au moins une forte partie de son tronc est détruite, on voit apparaître sur le pied de l'arbre, au niveau du sol, les fructifications en forme de chapeau supporté par un pied, comme on les trouve en général dans les agaricinées.

Elles se montrent par touffes de 10 ou 20, quelquefois plus. Cet aspect des chapeaux en un bouquet rayonnant justifie la qualification de *tête de Méduse* qu'on donne assez souvent dans le nord et dans le centre de la France à l'*Agaricus melleus*. Le nom de *soucarel,* sous lequel il est connu dans le Languedoc, rappelle sa localisation sur les souches.

Suivant les conditions atmosphériques, les réceptacles fructifères se montrent du 15 septembre au 15 octobre.

Le chapeau de l'*Agaricus melleus* (pl. III, fig. 1) entièrement développé est, en général, un peu conique, s'aplanissant un peu en vieillissant, à bords légèrement onduleux et striés ; sa couleur est d'un jaune de miel plus ou moins marqué, mais elle n'est pas caractéristique, car elle peut varier du blanc sale au brun olivâtre clair. La surface du chapeau adulte est lisse ; jeune, elle présente souvent des pointes peu proéminentes ou de légères squames, plus abondantes vers le centre du chapeau et dont la durée est assez éphémère. La face inférieure du chapeau est garnie par des lames rayonnantes espacées, s'avançant un peu en s'amincissant jusque sur le pied, avec le sommet duquel elles se confondent ; leur couleur est d'un blanc à peine jaunâtre. Ces lames ont leurs faces couvertes de basides ovoïdes, atténuées légèrement vers leur point d'attache ; les basides portent à leur sommet quatre petites pointes, les stérigmates, terminées chacune par une spore incolore. Sur la surface fructifère, une partie des basides restent stériles et ne portent pas de spores. De plus, entre les grandes lames, on en voit de plus courtes, assez nombreuses, qui n'atteignent pas la périphérie.

Le pied est plein, cylindrique, fibrilleux ; il diminue d'épaisseur vers la base, où sa couleur pâle se fonce légèrement. Il devient fistuleux en vieillissant.

Sur le champignon jeune, on n'aperçoit pas les lames ; elles sont couvertes par l'anneau, inséré d'une part sur le pourtour du chapeau et de l'autre vers la partie supérieure du pied. Cet anneau, parfaitement blanc, est peu résistant; il se déchire dès que le chapeau prend un certain développement, et ses débris persistent quelque temps à l'état de laciniures minces et fibrilleuses, qui entourent le haut du pied plus ou moins complètement, comme d'une collerette.

Bien que peu savoureux, le champignon est consommé en maints endroits. Dans le Midi, on en fait même parfois des conserves.

C'est par sa partie végétative, son mycélium, que l'*Agaricus melleus* nuit aux arbres. Ce mycélium envahit les racines et la partie inférieure du tronc, ne pénétrant en général jamais bien profondément dans le bois, ni bien haut sur la tige; mais comme ce sont les parties extérieures, liber, cambium et jeune bois, qui sont les premières atteintes et désorganisées, la mort de l'arbre en est la conséquence fatale.

Le mycélium de l'*Agaricus melleus* se présente avec des particularités qui, dans la plupart des cas, permettent de le reconnaître, même en l'absence de fructifications.

Développé librement à la surface d'une racine, il se présente sous la forme d'un cordon noir, cylindrique, un peu aplati, de deux millimètres de diamètre environ (pl. III, fig. 1, 2, 3, 4). La partie corticale noire est d'une consistance dure et cassante de l'épaisseur d'un papier épais; à l'intérieur est une partie médullaire blanche. Au microscope, on voit sur une coupe transversale l'écorce constituée en un réseau à mailles épaisses brunes, plus serrées et plus colorées à la périphérie, disposées sur trois ou quatre rangées; la partie centrale est formée de filaments blancs, très déliés, serrés, disposés parallèlement selon l'axe du cordon.

Cette forme était considérée par les anciens auteurs comme un champignon autonome; Roth l'appela *Rhizomorpha fragilis*. Depuis, le terme de rhizomorphe a été conservé, non plus pour désigner un champignon spécial, mais une forme particulière de mycélium qui n'est d'ailleurs pas spéciale à l'*Agaricus melleus*. On en rencontre sur des champignons fort divers dont les mycéliums ont cette propriété commune de se condenser en cordons à écorce noire et qui ressemblent à de petites racines d'arbre. Des rhizomorphes assez analogues à ceux de l'*Agaricus melleus* s'observent dans d'autres champignons, le *Collybia velutipes* par exemple.

Le cordon rhizomorphe émet de place en place des rameaux trapus, courts, disposés assez irrégulièrement, qui s'en détachent souvent à angle droit pour pénétrer dans les parties profondes de l'écorce et dans le bois. Ces rameaux s'y subdivisent en branches de plus en plus grêles qui envahissent les éléments anatomiques et les tuent de proche en proche.

Le rhizomorphe s'allonge par son extrémité ; la partie terminale est en forme de cône ; elle est pleine et remplie de cellules médullaires courtes, qui forment un tissu assez lâche. Quand la partie corticale grandit, ces cellules se dissocient et forment la couche interne de l'écorce qui donne naissance aux fibres déliées de la partie médullaire du rhizomorphe parvenu à sa taille définitive.

L'extrémité jeune et en voie de croissance du rhizomorphe est recouverte d'une couche gélatineuse, parcourue par de nombreux filaments qui sont en continuité avec les files de cellules qui doivent devenir la partie corticale externe du rhizomorphe. Dans les parties jeunes, le rhizomorphe forme de fines cordelettes d'un blanc nacré, ce n'est que plus tard que la partie externe prend sa couleur et sa consistance caractéristiques.

Lorsque le rhizomorphe envahit une grosse racine ou le tronc, il passe sous l'écorce à la place du cambium qu'il détruit, se moule à tous les interstices, s'y étale considérablement, prenant l'apparence d'une lame papyracée qui se termine en tous sens par des expansions en éventail à bords festonnés.

C'est le *Rhizomorpha subcorticalis* de Persoon (pl. III, fig. 5).

Cette lame, de même que le cordon, offre une partie corticale noire brunâtre, adhérant entièrement d'une part au liber, de l'autre à l'aubier, et une partie centrale d'un blanc très légèrement jaunâtre, friable et plus molle que l'écorce. C'est elle seule qui apparaît lorsqu'on sépare l'écorce du bois, avec de fines stries rayonnantes autour du point où le cordon commence à s'étaler en lame sous l'écorce de l'arbre. Vers les bords, la partie médullaire se réduit beaucoup, et sur le tranchant, la lame est constituée uniquement des deux portions corticales, intimement soudées et dont la teinte s'est notablement atténuée. Les filaments mycéliens très grêles qui se ramifient dans les tissus de la plante pénètrent, avons-nous dit, d'une part, dans le liber, de l'autre, dans le bois. L'écorce en est entièrement infiltrée, de telle manière que sur la coupe transversale et à l'œil nu, sa surface, de couleur marron, se montre piquetée d'une infinité de points blancs très rapprochés. Quant au cambium, il n'en reste plus de vestige. Dans le corps ligneux, les ramifications mycéliennes pénètrent surtout par les rayons médullaires, infiltrent leurs cellules, s'approprient les matériaux plastiques qui y sont accumulés ; elles gagnent ensuite les fibres voisines, s'introduisent par les ponctuations de la paroi ; dans les vaisseaux, le mycélium s'amasse et se pelotonne par endroits. Dans les éléments envahis par le mycélium, cellules ou fibres, le contenu disparaît, la paroi est corrodée par places.

Le cordon rhizomorphe, qui s'étend et se ramifie dans les organes souterrains d'un arbre, peut aussi les quitter pour cheminer dans le sol. S'il rencontre alors une racine propice à son développement, il s'y insinue, et, de cette manière, l'infection se répand.

Si les arbres sont assez rapprochés les uns des autres pour que leurs racines s'entremêlent et se touchent, le phénomène se produit encore plus facilement et plus vite, le mycélium pouvant passer d'une racine à l'autre sans l'intermédiaire du sol.

C'est sur le rhizomorphe souterrain ou sous-cortical que se développent les chapeaux qui reparaissent sur la même souche plusieurs années de suite à l'automne. Les réceptacles apparaissent comme de petits bourgeons ovoïdes sur lesquels bientôt un sillon transversal limite le chapeau. Le champignon est constitué d'abord par un feutrage homogène d'hyphes ; ces dernières se différencient peu à peu jusqu'au complet développement des différentes parties qui composent la fructification.

Le mycélium de l'*Agaricus melleus* est phosphorescent à l'obscurité. La lumière émise est blanche, continue, non scintillante ; plus fréquente sur les filaments jeunes en voie de croissance. Sur les filaments à écorce cutinisée, la phosphorescence ne s'observe que dans la partie médullaire blanche, après que celle-ci a été dénudée et exposée à l'air.

Dans les forêts, c'est sur l'humus constitué par la mousse et le mélange de brindilles et de feuilles pourrissantes que les spores germent et commencent leur développement.

Nous l'avons constaté au laboratoire, sur des pieds d'*Agaricus melleus* fructifiant sur une racine de mûrier chargée de rhizomorphes. La masse considérable des germinations couvrait entièrement le sol d'un enduit blanc. Les spores germent en moins de 24 heures si le milieu est humide.

La question du parasitisme de l'*Agaricus melleus* a été très discutée. En 1872, Robert Hartig a établi que la contamination pouvait se faire directement sur des racines intactes de jeunes pins par simple contact, avec un débris chargé de rhizomorphe. D'un autre côté, O. Brefeld a obtenu des rhizomorphes en semant les spores sur du jus de pruneaux stérilisé, ce qui implique l'idée que l'*Agaricus melleus* peut vivre assez longtemps à l'état de saprophyte.

Il est certain qu'il peut vivre tant en parasite qu'en saprophyte.

Le rhizomorphe trouve dans les parties altérées des racines, à la place de quelque radicelle morte par exemple ou dans une plaie faite aux parties souterraines soit par la charrue ou la houe, soit par des insectes ou des rongeurs, une voie grâce à laquelle il traverse aisément l'écorce : sans doute les mauvaises conditions de végétation des racines, l'excès d'humidité, le manque d'aération du sol, peuvent favoriser l'envahissement des racines par l'*Agaricus melleus*. D'autre part, pour ce qui est du mûrier, le mode particulier d'exploitation de cet arbre amène dans son état général un affaiblissement qui peut favoriser le développement du parasite et diminuer la résistance de l'arbre à ses attaques. Ce sont des influences dont il convient de tenir compte.

On peut dire d'une façon générale que le mycélium de l'*Agaricus melleus* commence son évolution en saprophyte sur des fragments végétaux en décomposition. Il devient parasite du moment où il trouve un substratum vivant, une racine dans laquelle il peut pénétrer ; il en détruit peu à peu les tissus, se nourrit à leurs dépens ; puis l'ayant désorganisée, à la fin de son cycle végétatif, il redevient saprophyte et produit ses réceptacles fructifères.

Quand l'infection se produit par germination des spores, la phase saprophytique initiale se trouve abrégée et la marche de la maladie est notablement plus rapide.

Dans ce cas particulier, le mycélium s'établit d'emblée au collet de l'arbre, ou sur une grosse racine d'où il gagne facilement le collet. Le cambium est bien vite entièrement détruit, ainsi que le liber et le bois pénétré plus ou moins profondément sur la circonférence de la base de l'arbre. Bientôt, toute communication cesse entre les racines et les branches, et souvent l'arbre se dessèche et meurt brusquement au printemps, après avoir produit quelques rudiments de feuilles ; il utilise pour cela les réserves alimentaires accumulées dans le tronc et les branches. Ces réserves épuisées et l'apport de l'eau ne pouvant plus suffire à compenser les pertes dues à la transpiration des feuilles qui grandissent, le feuillage se dessèche tout à coup comme si l'on coupait la branche qui le porte.

Ce cas, comme nous verrons, est fréquent chez le mûrier.

**Rosellinia aquila.** — Le *Rosellinia aquila* est un champignon ascomycète de la section des sphériacées. Fries, qui le décrivit le premier, le classe dans le groupe des *Spheriaceæ byssisedæ* qu'il caractérise comme se développant « *in corporibus mucedine correptis* ». Les périthèces de cette espèce se montrent effectivement au moins quand ils sont jeunes, au milieu d'un tapis mycélien d'un gris olivâtre clair. Le *Rosellinia aquila* végète sur les racines d'un grand nombre d'arbres : chêne, aubépine, bouleau, mûrier, etc. Pourtant il n'est pas nécessairement souterrain. Dans des conditions particulièrement avantageuses d'humidité, on put le trouver vivant à l'air sur les parties inférieures des troncs.

Pour la description, nous partirons de la forme mycélienne qui marque le début de l'évolution.

Le mycélium jeune forme à la surface du support un duvet cotonneux d'une blancheur parfaite qui peut atteindre un centimètre d'épaisseur (pl. II, fig. 13). Pourtant cette végétation luxuriante ne s'observe en général que dans des conditions spéciales. A l'état naturel, tel qu'on le trouve dans le sol, il forme, sur les racines des arbres qu'il attaque, des plaques d'un blanc pur, peu étendues et d'une épaisseur assez faible. Quand on transporte dans un milieu saturé d'humidité la racine attaquée par le mycélium, celui-ci ne tarde pas à foisonner d'une façon remarquable, et la surface de la racine se recouvre de cette couche cotonneuse dont nous parlions à l'instant. La surface des filaments est parsemée de gouttelettes très fines, et le liquide qui les forme est neutre au papier de tournesol ; on ne peut y voir autre chose qu'une exsudation du mycélium. Celui-ci se développe avec une intensité et une rapidité qui varient avec la température ; celle de 15 à 20° est la plus avantageuse, le milieu étant d'ailleurs maintenu confiné et saturé d'humidité. Cette dernière condition est réalisée en plaçant les racines en expérience dans un cristallisoir sur du sable humide, le tout recouvert d'un disque en verre.

Le mycélium émerge de la racine par les nombreuses solutions de continuité de l'écorce, sous forme de petites houppes, et il s'étend en rayonnant autour de son point de départ. Après une période de végétation active, dont la durée est assez variable, la masse floconneuse se flétrit peu à peu et s'affaisse en prenant une teinte d'un jaune grisâtre qui devient progressivement gris foncé et noirâtre ; elle constitue alors des amas ayant l'apparence de plaques ou de rubans, de consistance faible, d'épaisseur irrégulière, à contours mal arrêtés.

Le mycélium blanc foisonne si abondamment qu'il s'étend au delà de son support, en s'étalant sur le sol ; il vient même sur les parois du vase où il est enfermé. Il prend alors souvent l'aspect d'un cordonnet blanc, floconneux, dont le diamètre ne dépasse pas 2 millimètres. Ce mycélium en cordonnets conserve plus longtemps sa couleur blanche que le mycélium floconneux, et ce n'est que tardivement qu'il s'affaisse, en même temps que les couches extérieures se colorent en gris souris. De même, dans le sol à son état naturel, il s'étend et se ramifie et c'est de cette manière que l'infection gagne les arbres voisins.

Si dans les expériences, les conditions de température et d'humidité deviennent désavantageuses, le développement du mycélium s'arrête, pour reprendre lorsqu'elles redeviennent normales et avec une production nouvelle de mycélium blanc floconneux. Le fait peut se reproduire un certain nombre de fois.

Le mycélium qui s'est progressivement condensé forme sur le support une croûte constituée par un stroma assez lâche, noirâtre extérieurement, d'un blanc plus ou moins pur à l'intérieur. Mais ce mycélium n'est pas seulement externe, il se répand aussi sous l'écorce et s'infiltre à la place du cambium, sous forme de plaque blanchâtre qui ne tarde pas à brunir un peu.

M. Berlèse qui a fait une étude intéressante de cette espèce[1] a vu le mycélium se reproduire sur un fragment de racine resté deux ans en herbier. Sur des échantillons desséchés depuis un an, nous-mêmes avons observé le même fait. Ce mycélium est donc reviviscent, et sa résistance est sans doute plus grande qu'on ne l'a observé.

A ce moment, la racine attaquée est entièrement morte.

Après la production de ces amas brunâtres, la végétation du champignon semble cesser complètement la plupart du temps.

Après une période d'arrêt qui peut être assez courte si l'humidité est persistante, la couche de stroma noirâtre recommence de végéter, mais pour se couvrir d'un fin velouté, olivâtre d'abord, apparaissant sur de petites masses rapprochées légèrement proéminentes, qui deviennent confluentes, en même temps qu'elles prennent une teinte gris clair, à mesure qu'elles vieillissent ; quand on les touche, elles déposent sur les doigts une poussière grise, constituée par les conidies du *Rosellinia aquila*.

Cette couche veloutée se mamelonne de plus en plus et on assiste à la naissance des périthèces, qui la plupart du temps forment des masses compactes. Ils sont, à leur début, presque entièrement couverts par la moisissure ; ils s'en dégagent bientôt, de manière que leur base seule y reste insérée, et lorsque le périthèce est entièrement développé, la moisissure a parfois complètement disparu, même à la base.

La forme conidienne décrite par Link[2] sous le nom de *Sporotri-*

1. A.-N. Berlèse, *Rivista di Patologia vegetale*, vol. I, 1892 : *Rapporti tra Dematophora e Rosellinia.*

2. Link, *Observationes in ordines plantarum naturales*, I, p. 10.

*chum fuscum* (*Trichosporium f.* Sacc.) se montre, en général au printemps, mais sur les racines enfouies elle se rencontre aussi en été ; nous l'avons observée en juin à Brouzet-lès-Alais et à Valleraugue (Gard) et, dans ces cas, on la voit accompagnant des périthèces à tous les états de formation.

Le rôle des conidies n'a pas été établi expérimentalement. Berlèse pense, mais sans l'affirmer, qu'elles concourent activement à propager l'espèce au printemps.

Les périthèces sont noirs ou d'un brun très foncé ; leur sommet est muni d'une papille qui apparaît à la loupe comme une pointe légère ; leur dimension est d'environ un millimètre de diamètre.

Le *Rosellinia aquila* attaque les arbres, la plupart du temps dans le voisinage du collet ; son mycélium y vit en parasite, il peut se développer dans le sol et envahir les arbres du voisinage en s'attaquant à leurs racines superficielles. Lorsque la partie infestée par le mycélium est tuée, les conidies, puis les périthèces se montrent. Les spores échappées des périthèces, et sans doute aussi les conidies sont susceptibles de produire l'infection lorsqu'elles tombent sur un arbre sain ou sont entraînées par la pluie dans le sol.

Telles sont les phases du développement du parasite, que l'on peut suivre par l'observation extérieure directe.

Reprenons maintenant ces faits pour les éclaircir par l'étude microscopique :

Le mycélium blanc qui apparaît au début se montre sur le porte-objet parfaitement hyalin, formé de filaments ramifiés et copieusement cloisonnés. Ces filaments, qui ont dans les grosses ramifications de 5 à 6 μ [1], se réduisent au diamètre de 1,5 à 3, dans les divisions ultimes.

Quand ce mycélium s'agglomère en cordon ou en plaque, on voit les filaments changer de teinte, d'abord de couleur jaunâtre clair, leur nuance fonce progressivement jusqu'à passer au brun assez intense. La paroi, en même temps, s'épaissit, ainsi que les cloisons ; on voit les filaments accolés les uns aux autres, mais les anastomoses latérales entre filaments sont rares. La partie blanche centrale est formée de filaments très grêles, à parois minces dont le diamètre ne dépasse guère 1,5 μ. Ces filaments sont serrés les uns aux autres, il n'existe entre eux aucun vide, et leurs parois deviennent au bout de quelque temps moins apparentes.

M. Berlèse a décrit au milieu des filaments des productions

---

1. Le μ ou *micron* est l'unité de longueur au microscope. Sa dimension est de un millième de millimètre.

spéciales, des sortes de chlamydospores en chapelets, sur le rôle desquelles il n'est pas absolument fixé ; nous n'avons pu les découvrir.

Le mycélium, en même temps qu'il foisonne à l'extérieur de son support, gagne aussi la profondeur des tissus. Les éléments du parenchyme cortical, tués les premiers, se montrent dissociés et infiltrés par les hyphes ; le cambium et le liber mou, formés de cellules à parois minces, sont vite corrodés par les sécrétions du mycélium et finissent par disparaître entièrement, pour être remplacés par un mycélium pseudo-parenchymateux, assez analogue comme structure au stroma noirâtre extérieur, mais de couleur plus claire.

Le bois, à son tour, est envahi, les rayons médullaires particulièrement ; les hyphes mycéliennes d'abord hyalines et très ténues brunissent un peu en épaississant leur paroi quand les tissus qu'ils imprègnent sont entièrement morts et la coupe transversale du bois de la racine apparaît à l'œil nu plus foncée.

Longitudinalement, la limite de l'envahissement du mycélium brun est marquée par une ligne étroite très noire, où les filaments bruns sont condensés en plus grand nombre dans les éléments ligneux. Plus profondément vers la partie centrale du bois, on retrouve encore du mycélium, mais il est moins coloré et moins abondant. Cette lésion n'est pas sans analogie avec celles que produisent diverses Sphériacées et aussi des Hyménomycètes, *Polyporus* ou *Stereum*.

Aussi bien que le mycélium extérieur, le mycélium brunâtre, lorsqu'il est mis au contact de l'air, par la rupture du fragment envahi par exemple, est susceptible de fournir de nouveau, lorsqu'il se trouve dans de bonnes conditions végétatives, un mycélium blanc, pareil à celui du début.

La fructification conidiale se forme aux dépens de la croûte noirâtre externe (pl. II, fig. 1 et 2). Des filaments bruns issus de celle-ci se dressent perpendiculairement au stroma ; parfois au niveau des cloisons se montrent des dilatations unilatérales, sortes de petites bosses qui représentent probablement un rudiment de ramification qui a avorté. Le sporophore se trouvant ainsi constitué, se ramifie, ses branches sont d'une teinte de plus en plus claire à mesure qu'elles se ramifient ; les ramules, presque hyalines, un peu sinueuses, sont hérissées de fines aspérités qui servent de point d'attache à des conidies ovoïdes, d'une couleur très faiblement brunâtre, dont la dimension est de 7-10 $\times$ 6-7 $\mu$. La dimension moyenne des filaments sporifères est d'environ 4 $\mu$.

C'est au milieu du velouté formé par les touffes serrées de filaments conidiophores, avons-nous dit, que les périthèces apparaissent (pl. II, fig. 3, 4 et 5). Ils prennent naissance aux dépens de
la couche interne, blanchâtre du stroma. Bien que, la plupart du
temps, la forme conidienne ait cessé de foisonner, lorsque les
périthèces sont visibles, dans quelques cas, cependant, les conidies
et les périthèces bien développés coexistent, nous en avons vu des
exemples. Mais ce phénomène est, sans doute, exceptionnel et lié
à des conditions végétatives spéciales.

On peut rencontrer les périthèces de *Rosellinia aquila* presque
dépourvus de byssus à leur base ; toutefois, sur le mûrier, ce n'est
pas le cas général, et le champignon doit être rapporté à la forme
que Tode a dénommée *byssiseda*.

Le développement du périthèce suivi par Berlèse ne s'éloigne
pas de ce qu'on observe dans un grand nombre de pyrénomycètes :

Un filament du pseudo-parenchyme blanc externe se différencie,
émet une branche qui grossit rapidement, le plasma en devient
plus réfringent, comme celui des cellules en voie de croissance
active. La branche mycélienne s'entortille sur elle-même en spi-
rale ; de nouveaux filaments partent de la base de cette branche et
du filament originel lui-même. Toutes ces ramifications se pelo-
tonnent et dès lors la forme du périthèce est indiquée. Bientôt
l'hyphe spiralée disparaît, les filaments du peloton grandissent,
se cloisonnent dans diverses directions et une partie centrale,
le noyau, se différencie. Il prend la texture et l'apparence d'un
pseudo-parenchyme blanc à éléments très ténus, tandis que dans
les portions externes les anastomoses sont plus larges, les parois
s'épaississent, noircissent et deviennent cassantes.

Dans le noyau du périthèce se montrent tout d'abord les paraphyses ; au milieu d'elles et parallèlement à leur direction longitudinale, les asques se différencient.

Jeunes, les paraphyses sont guttulées et semblent parfois septées
transversalement (pl. II, fig. 6). Plus tard, elles se gélifient et
disparaissent en grande partie.

Au milieu du plasma des asques, riche en vacuoles, huit spores
apparaissent ; d'abord hyalines avec deux grosses gouttelettes, leur
membrane extérieure, l'exospore, brunit jusqu'à devenir fuligineuse,
lorsque la spore est mûre. A ce moment il n'y a souvent plus
qu'une grosse gouttelette ; la spore ovale atténuée aux deux extré-
mités est légèrement inéquilatérale. Sa dimension moyenne est
de 18-22 µ. × 6-7 µ. (pl. II, fig. 11).

L'hyménium, c'est-à-dire l'ensemble formé des asques et des

paraphyses, n'est pas limité à la portion basilaire du périthèce ; il occupe toute la surface interne, mais dans le voisinage de l'ostiole, les paraphyses se réduisent de plus en plus en longueur, à mesure qu'on approche de l'orifice, en même temps qu'elles convergent vers le centre de l'ostiole, constituant un canal où passeront les spores à leur sortie du périthèce. Quelques mycologues donnent à ces paraphyses modifiées le nom de périphyses.

Les paraphyses normales sont un peu plus longues que les asques ; leur dimension est de 170-180 μ × 1,25-1,75 μ..

L'adhérence est assez faible dans les périthèces mûrs entre la partie carbonacée et les portions plus internes comprenant la couche sous-hyméniale et l'hyménium. Sur une coupe microscopique on voit parfaitement l'enveloppe noire se détacher nettement et d'une façon complète des autres parties contenues dans le périthèce. Les asques mûrs ont une dimension de 155-170 μ × 10 μ.. La partie sporifère occupe de 115-125 μ..

A leur base, ils s'atténuent en un long pédicelle qui devient filiforme à sa base. Les spores y sont disposées obliquement en une seule série occupant la partie large de l'asque.

A tous les stades du développement, l'extrémité des thèques bleuit par l'eau iodée et on y observe une organisation remarquable (pl. II, fig. 7, 8, 9, 10).

Cette partie bleuissante n'intéresse que la membrane interne de l'asque ; sa forme n'est pas parfaitement cylindrique, car on la voit légèrement étranglée au milieu. Dans toute cette portion, l'épaisseur de la membrane augmente tellement que les deux parois internes viennent presque en contact, de manière qu'on observe une sorte de bouchon traversé dans sa longueur par un fin canal qui occupe le sommet de l'asque.

Une disposition analogue a été vue et figurée par Hartig dans le *Rosellinia quercina*.

Il semble probable que ce que M. Viala a figuré et décrit comme « chambre à air des asques » du *Dematophora necatrix*[1] n'est rien autre chose qu'un pareil épaississement du sommet des asques.

Quoi qu'il en soit, les spores ne semblent pas pouvoir sortir par l'extrémité de la thèque ; elles sont mises en liberté par la gélification des parois de l'asque.

Ces spores germent facilement dans l'eau en produisant un tube de germination qui ne tarde pas à se ramifier (pl. II, fig. 13).

1. P. Viala, *Monographie du Pourridié (Dematophora)*, pl. V. fig. 25.

**Dematophora necatrix.** — Le *Dematophora necatrix* appartient comme le *Rosellinia aquila* à la famille des Ascomycètes et au groupe des Pyrénomycètes. C'est un parasite fréquent sur la vigne, les arbres fruitiers et forestiers. C'est à lui qu'est due la forme la plus fréquente et la plus dangereuse du pourridié de la vigne ; sur les arbres fruitiers, on lui donne plus généralement le nom de *blanc des racines*.

Observé depuis longtemps, mais imparfaitement connu des arboriculteurs et des viticulteurs, le *Dematophora necatrix* fut d'abord l'objet d'études assidues de la part de Robert Hartig, qui étudia et définit le mycélium et la forme conidiale [1].

Plus tard, dans sa thèse pour le doctorat ès sciences, M. Viala [2] a publié de nouvelles études biologiques sur le parasite et en décrit des formes nouvelles, pycnides et périthèces ascospores.

Au point de vue de son développement et de son apparence extérieure, le mycélium de *Dematophora necatrix* présente des analogies frappantes avec le *Rosellinia aquila* que nous venons de décrire (pl. I, fig. 4).

Au début, même production de mycélium d'un blanc de neige qui s'organise parfois en cordonnets ou bien en rubans ou en plaques se recouvrant d'une portion filamenteuse grise plus dense.

Ici la ressemblance extérieure est à peu près complète.

Mais au microscope on différencie facilement les mycéliums de *Rosellinia quercina* et de *Dematophora necatrix*.

Tandis que les filaments de *Rosellinia aquila* sont au moins sur un même filament, cylindriques et de calibre uniforme, dans le *Dematophora necatrix*, les filaments présentent pour la plupart un renflement piriforme très prononcé tout à fait caractéristique de ce champignon, et qui se trouve placé au niveau des cloisons.

Si, parfois, les filaments mycéliens de *Rosellinia aquila* présentent quelque dilatation, celle-ci n'est pas localisée aux cloisons plus qu'ailleurs, de plus les renflements, toujours moins accentués, sont seulement unilatéraux.

Le mycélium blanc de *Dematophora* prend au bout de quelque temps une teinte grisâtre. Les hyphes qu'on y voit présentent aussi et plus nettement que les filaments blancs le renflement caractéristique en forme de poire (pl. I, fig. 5), et toujours symétriquement placé par rapport à l'axe du filament. Le diamètre transversal de ces filaments nous paraît aussi en moyenne plus

1. Robert Hartig, *Untersuchungen aus dem forstbotanischen Institut zu München*, III, 1883, p. 95.
2. Pierre Viala, Thèse de 1891, *Monographie du Pourridié*.

grand que celui des filaments bruns du mycélium de *Rosellinia aquila* ; il peut atteindre 7 ou 8 μ.

M. Viala a vu se produire des chlamydospores dans le mycélium de *Dematophora necatrix*, lorsque celui-ci est soustrait à l'influence de l'air extérieur. Il les a produites en immergeant dans l'eau le mycélium. Ces chlamydospores se forment aux dépens du mycélium dans les parties déjà renflées ; le plasma s'y accumule, le reste du filament se flétrit en même temps que la chlamydospore grossit et s'enveloppe d'une membrane épaisse. Leur diamètre peut atteindre 10 fois celui du filament, il est en moyenne de 15 μ.

Le rôle et le développement ultérieurs de ces chlamydospores sont inconnus.

Extérieurement, les mycéliums agrégés du *Dematophora necatrix* diffèrent aussi un peu de ceux du *Rosellinia aquila*.

Le mycélium de *Dematophora*, en pénétrant sous l'écorce, donne un feutrage un peu analogue à la forme du mycélium d'*Agaricus melleus* appelée *Rhizomorpha subcorticalis*, mais il est moins dense, l'enveloppe noire n'a pas le même caractère anatomique, et les hyphes de cette croûte, au moins quand elle est jeune, présentent les renflements caractéristiques du *Dematophora*. D'un autre côté, ce feutrage est plus épais, ses éléments plus comprimés que dans le *Rosellinia aquila*.

Les cordonnets blancs qui vont se ramifier dans le sol sont très analogues d'aspect avec les jeunes rhizomorphes d'*Agaricus melleus* qui constituent le premier état du *Rhizomorpha subterranea* ; mais en vieillissant, ils ne prennent pas l'apparence de cordelettes rigides et d'un noir brillant comme dans l'*Agaricus melleus* ; ils restent toujours un peu cotonneux à la surface, surtout s'ils sont secs, et les ramifications qu'ils émettent n'ont pas la tendance de celles des rhizomorphes d'*Agaricus melleus* à se disposer en quelque sorte perpendiculairement à l'axe.

En tous cas, l'examen microscopique lève tous les doutes. On ne trouve pas dans le *Dematophora* l'enveloppe stromatique pseudoparenchymateuse des cordons rhizomorphes de l'*Agaricus melleus*, mais bien l'apparence caractéristique du mycélium gris de *Dematophora necatrix* avec ses renflements piriformes aux cloisons.

Le mycélium blanc de l'intérieur des cordonnets n'observe pas non plus, comme dans l'*Agaricus melleus*, la direction parallèle dans ses fibres qui sont souvent enlacées et présentent même aussi çà et là des renflements aux cloisons. Le mycélium peut envahir tous les tissus de la racine ; il pénètre dans les cellules, les vaisseaux, les fibres en perforant les membranes ; dans les tissus cellulaires particulièrement, il peut former des amas à la place des groupes de cellules détruites. Le mycélium déjà âgé y prend également la teinte brune et peut y acquérir les renflements.

La forme conidienne du *Dematophora necatrix* se présente extérieurement comme un fin gazon gris foncé dont chaque tige de un demi à un millimètre de haut est blanchâtre à l'extrémité. Il ne se produit jamais que sur des plantes mortes depuis déjà un certain temps. A partir de cette période de son existence, le champignon devient saprophyte : l'aliment lui manque et désormais il va utiliser ses réserves nutritives pour sa reproduction.

Au point de vue élémentaire, la fructification conidienne du *Dematophora* présente la même organisation que celle de *Rosellinia aquila*, avec cette différence que le conidiophore de *Rosellinia aquila* est constitué par un seul filament ramifié, tandis que dans le *Dematophora necatrix*, il est formé par la réunion d'un certain nombre d'hyphes dressées verticalement et qui se séparent seulement par leur extrémité ramifiée et sporifère.

Au point de vue mycologique, la fructification conidiale du *Dematophora necatrix* est un hyphomycète agrégé de la forme *Graphium* (pl. I, fig. 6, 7, 8, 9).

Ses conidies sont plus petites que celles de *Rosellinia aquila*, elles n'ont que 2 à 3 $\mu$ et sont à peu près incolores, comme l'extrémité des filaments conidifères, qui sont bruns à leur base.

Les générations conidiales peuvent se succéder aux mêmes endroits du support pendant assez longtemps.

Ce n'est qu'après qu'elles ont disparu que les dernières formes, pycnides et périthèces, apparaissent.

On observe assez rarement les conidies dans la nature ; les plantes sont souvent arrachées avant qu'elles aient pu se produire. C'est toujours dans le voisinage du collet de la racine qu'elles se produisent. Elles jouent sans doute un rôle important dans la dissémination de l'espèce, car leur germination reproduit directement le mycélium blanc du début.

Les pycnides et les périthèces ascospores du *Dematophora necatrix* n'ont jamais été observés dans la nature. M. Viala, qui seul jusqu'ici a pu les étudier, les a obtenus sur des souches de vigne conservées dans son laboratoire.

D'après ses observations, les pycnides se forment aux dépens de sclérotes préexistants, qui proviennent du mycélium interne des tissus. On observe ces sclérotes aussi bien à la surface du support que dans l'intérieur des tissus de la racine. Ils ont la constitution ordinaire des sclérotes, et sont formés d'hyphes très ténues, blanches, ramifiées et anastomosées entre elles à l'infini.

Ils sont recouverts d'une enveloppe noire formée d'un tissu à mailles noires, épaisses. Ils peuvent atteindre jusqu'à un demi-millimètre.

Les pycnides sont entièrement closes ; elles se forment aux dépens du pseudo-parenchyme interne du sclérote. Elles donnent des spores brunes de $25 \times 7$ μ., la plupart du temps unicellulaires, mais pouvant se cloisonner une ou deux fois. Ces spores sont insérées sur des stérigmates courts et trapus, dont une portion se détache avec la spore et y reste adhérente.

Les sclérotes peuvent aussi, quand ils sont extérieurs, produire des conidiophores sur leur surface.

Les périthèces ascospores n'apparaissent que très tardivement et lorsque les conidies ont disparu. M. Viala admet que le milieu doit être modifié convenablement, progressivement desséché et exposé ensuite à l'air extérieur pour qu'elles se produisent. Il considère que si l'on prend une plante pourridiée depuis le commencement de son infection, le développement de la fructification ascospore exige au moins deux ans et demi pour se montrer.

D'après la description de M. Viala, ces périthèces mûrs sont entièrement clos et d'un brun foncé ; leur dimension moyenne est de 2 millimètres de diamètre, et ils sont portés par un court pédicelle sur lequel ils paraissent insérés obliquement. Les périthèces naissent au milieu des touffes plus ou moins desséchées de conidiophores.

L'enveloppe dure et cassante des périthèces de *Dematophora* se sépare nettement et sans difficulté dans les coupes microscopiques de la portion plus interne constituée par la couche sous-hyméniale et l'hyménium. Le même fait, on se le rappelle, s'observe pour le *Rosellinia aquila*.

Les asques sont pédicellés, entourés de paraphyses qui les dépassent en longueur ; leur sommet présente probablement le même épaississement de la membrane interne que ceux des *Rosellinia aquila* et *quercina*. L'action bleuissante de l'iode n'a pas été essayée par M. Viala, et il a figuré et décrit comme un espace vide la portion supérieure de l'asque voisine du sommet, lui donnant le nom de « chambre à air ».

Les ascospores, au nombre de 8, disposées en file longitudinale dans l'asque, sont brunes à leur maturité, allongées, fusiformes. Leurs dimensions sont de 28 à 35 sur 8 à 9 μ.

M. Viala n'est pas arrivé à les faire germer.

Bien que le manque d'ostiole au périthèce ait paru à M. Viala justifier le rapprochement du *Dematophora* du groupe des Tubéracées, le *Dematophora necatrix* présente par tous les autres caractères une si grande analogie avec les *Rosellinia aquila* et *quercina* qu'il ne nous paraît guère possible de l'écarter de ce genre.

On devra forcément dans la pratique continuer à confondre sous le même nom de *pourridié* les maladies causées par le *Dematophora necatrix* et le *Rosellinia aquila*.

**La « maladie des branches » et la « maladie des racines ».** — Ayant décrit les parasites des racines et défini leur manière de vivre, nous devons parler d'une façon plus particulière des deux types pathologiques qu'ils produisent sur le mûrier, et qui sont appelées vulgairement *maladie des branches* et *maladie des racines*.

La *maladie des branches* porte en certains endroits à Alais, Anduze, etc., le nom de « fio volage », feu volage, et dans la vallée supérieure de l'Hérault, à Valleraugue, celui de « mal nègre », mal noir.

Dans l'année qui précède celle où la maladie se décèle par ses caractères extérieurs, l'arbre atteint présente parfois un développement plus considérable de son système foliaire, une frondaison plus luxuriante. On a observé le même fait pour la vigne attaquée par le pourridié du *Dematophora necatrix*. Nous avons pu examiner à Valleraugue (Gard) un mûrier qui avait présenté cette particularité ; il était envahi par le *Dematophora necatrix*. N'ayant rien pu observer de semblable pour l'*Agaricus melleus*, nous supposons, mais sans vouloir l'affirmer en aucune manière, qu'il y a peut-être là un moyen de diagnostic différentiel entre les deux parasites.

Mais revenons à notre description.

L'année suivante, une ou plusieurs grosses branches se dessèchent et successivement toutes les autres ont le même sort. Les feuilles qui s'y développent au printemps atteignent leur taille normale ; mais elles ne persistent pas longtemps, elles jaunissent bientôt et tombent avant de se dessécher sur la branche.

Chaque année, le nombre des branches qui succombent ainsi va en augmentant jusqu'à la mort définitive de l'arbre, qui survient dans un espace de trois ou quatre ans.

La maladie s'observe plus souvent sur les mûriers plantés dans des sols secs, et son évolution est d'autant plus lente que le sol est moins humide.

Indépendamment de la présence des mycéliums qui s'observent toujours, les racines altérées sont modifiées dans leur apparence. Leur écorce est plus ou moins desséchée et ridée ; elle est séparée du corps de la racine ou s'en détache très facilement. La partie centrale du bois, qui est blanche dans les racines saines, prend une teinte jaune citron dans les racines malades, teinte qui s'accentue en tirant sur le vert olivâtre foncé dans les racines mortes.

Dans les parties aériennes, le bois des branches mortes est également plus foncé que celui des vivantes. On voit parfois la trace brunâtre de cette dessiccation se prolonger plus ou moins bas sur le tronc en formant une ligne ou une étroite bande de couleur jaune plus colorée que le bois environnant et qui s'étend sur l'aubier immédiatement au-dessous de la zone génératrice.

Les cultivateurs soigneux de leurs arbres, dès qu'ils voient apparaître cette trace suspecte, font subir à l'arbre le traitement que nous avons détaillé plus haut et qui réussit bien quand l'arbre est attaqué par le *Polyporus hispidus*.

Mais ici, l'extirpation de la partie malade et l'apport d'engrais sont loin d'être efficaces.

Le plus souvent, le traitement ne produit aucun effet appréciable ; quelquefois cependant, s'il est appliqué au moment où la maladie apparaît, il semble revivifier l'arbre et lui rendre une partie de sa vigueur, surtout si l'on prend soin de lui laisser sa feuille au moins un an. Le mûrier n'est pas guéri, il est vrai, mais il vit quelques années de plus.

Les deux cas se sont présentés à nous et nous avons cherché à nous expliquer ces deux faits qui, à première vue, semblent contradictoires.

Dans des circonstances où le traitement avait réussi, nous avons trouvé les racines envahies par l'*Agaricus melleus*, tandis que dans l'autre cas, c'était le *Rosellinia aquila* qui les avait attaquées. Il y a tout lieu de supposer que le *Dematophora* se comporterait comme ce dernier.

Dans l'opération en question, la fumure seule présente quelque utilité, car depuis son origine, la maladie réside dans la racine et débute par elle. On peut sans doute utilement enlever une branche morte qui surcharge l'arbre et peut attirer des insectes, etc. ; mais l'extirpation de cette branche n'empêchera pas les autres de se dessécher à leur tour.

Pour faire l'opération, on déchausse l'arbre à 0$^m$,15 environ ; on y met une forte couche de fumier, puis on recouvre de terre en buttant légèrement. On arrose un peu si la terre est sèche. Dans ces conditions, le buttage aide à la formation d'une nouvelle couronne de racines qui permet à la plante de reprendre un peu de vigueur.

Nous expliquons plus loin que lorsque l'*Agaricus melleus* produit la maladie des branches, il commence son attaque par les radicelles. On conçoit donc que, en attendant qu'il envahisse les nouvelles racines auxquelles le buttage a permis de se former et dont le fumier active la production, il peut se passer un temps suffisant pour que l'arbre semble se rétablir. Mais quand le parasite a gagné ces racines nouvelles, le collet est bientôt attaqué par voisinage et la maladie continue sa marche fatale.

M. A.-N. Berlèse[1] avait constaté déjà l'inutilité du buttage, adopté aussi en Italie, quand le mûrier est envahi par l'*Agaricus melleus*. Il dit textuellement qu' « il ne guérit pas le mûrier, mais contribue seulement à en prolonger quelque temps l'existence ».

D'autre part, on doit considérer que si l'*Agaricus melleus* peut se conserver dans la terre grâce aux réserves alimentaires accumulées dans son rhizomorphe et y vivre sans y rien absorber à cause de l'épaisseur de la membrane qui entoure cet organe, qu'en tout cas, isolé, il n'y peut guère progresser et n'a qu'une vie latente, semblable à celle d'un sclérote, il est, de même, également notoire que le *Rosellinia aquila* végète dans le sol en saprophyte, que les matières organiques putréfiées : racines pourries, fumier, etc., lui permettent d'y persister plus longtemps et même d'y prendre une certaine extension et qu'enfin dès que l'humidité intervient, il se développe aussitôt d'une façon bien plus active.

On comprend dès lors que pour un mûrier atteint par le mycélium de *Rosellinia aquila,* le traitement soit en général illusoire. Le fumier humide qu'on apporte permet au parasite de foisonner aussitôt et d'attaquer les nouvelles racines dès qu'elles se forment avant qu'elles aient pu se développer suffisamment pour contribuer au rétablissement momentané de l'arbre.

*La maladie des racines* procède tout autrement que la précédente. L'année d'avant l'attaque, le mûrier poussait très bien et ne paraissait aucunement malade. Au printemps suivant, après que les bourgeons se sont développés normalement, la feuille cesse tout à coup de croître ; bien avant qu'elle ait atteint sa taille, et cela sur toutes les branches, elle jaunit et se dessèche, tout en restant adhérente à l'arbre. On dirait qu'une solution de continuité est

---

1. A.-N. Berlèse, *loc. cit.,* p. 7.

survenue tout d'un coup entre les parties aériennes et souterraines
de la plante, et quelquefois sept ou huit jours suffisent pour qu'on
voie ainsi un mûrier se dessécher sur pied.

C'est particulièrement dans les terres d'alluvions qu'on voit la
maladie sévir avec intensité.

Dans les deux affections que nous venons de décrire, l'extension
se fait de la même manière. Dans un clos planté en mûriers, la
maladie se transmet suivant un cercle toujours croissant en surface, elle fait tache d'huile, et les mûriers atteints sont épars et
à peu de distance l'un de l'autre. Près du premier mûrier atteint,
on en voit d'autres dépérir successivement, les plus proches d'a-
bord, puis les plus éloignés.

Si les mûriers sont plantés en bordures, c'est-à-dire disposés
selon une ligne, la mortalité est plus lente ; les arbres ne sont
envahis qu'un à un, de chaque côté de celui qui a été le point de
départ de la contagion.

L'état du sol a une influence notable sur la rapidité de l'extension ; elle marche plus vite dans les sols meubles que dans les sols
compacts. L'humidité est un facteur encore plus important : elle
favorise dans des proportions considérables le développement du
champignon. Les terres fumées et bien entretenues paraissent en
général plus favorables au développement des pourridiés ; nous
avons vu pourquoi.

Dans tous les cas, il est un fait d'observation courante et que
tous les cultivateurs connaissent : c'est que si on replante de jeunes
mûriers à la place d'autres atteints de l'une ou l'autre des deux
maladies, ils sont attaqués à leur tour, au bout d'un temps variable.
Et pourtant beaucoup de cultivateurs ont conservé cette habitude
de replanter toujours dans le même trou, pour remplacer les arbres
à mesure qu'ils périssent.

Le chêne rouvre passe pour être nuisible aux mûriers et on
raconte qu'autrefois, quand on arrachait des chênes pour replanter des mûriers, la maladie se déclarait plus souvent dans ces nouvelles plantations que dans les anciennes. Bien qu'on puisse incri-
miner l'action épuisante des fortes racines de chêne sur le sol,
il n'est pas impossible que les parasites des racines de mûrier
lui puissent venir du chêne, puisqu'ils y ont tous été trouvés.
En tout cas, nous n'avons pas observé de faits de contagion bien
nets.

Dans certaines circonstances, on a pu suivre avec certitude la
transmission de l'*Agaricus melleus* du mûrier à la vigne. Certaines
affirmations recueillies au cours de notre enquête nous portaient

à croire à la réalité du fait théoriquement possible, puisque le champignon se rencontre aussi bien sur la vigne que sur le mûrier. Une observation que M. P. Viala nous a transmise et qu'il avait suivie avec beaucoup de soin, montre le phénomène avec une évidence qui ne laisse aucune prise au doute :

Dans le vignoble de Val-Marie à Ganges (Hérault), les parcelles de vigne sont divisées par des fossés qui amènent l'eau destinée à lutter contre le phylloxéra par la submersion. Sur les talus des fossés sont plantés des mûriers qui forment bordure. Un ce ces mûriers ayant été atteint et tué par l'*Agaricus melleus*, les deux voisins l'étaient à leur tour et périssaient en deux ans ; cette rapidité dans l'évolution de la maladie était due à l'état d'humidité constante du sous-sol, car l'eau ne disparaissait jamais complètement des fossés, même dans les plus fortes chaleurs. Les fructifications d'*Agaricus melleus* ne tardèrent pas à se montrer au pied des arbres morts. A partir de ce moment, les vignes les plus proches de ces mûriers furent envahies à leur tour ; la maladie les gagnait selon un demi-cercle dont le centre était la place du premier mûrier et on pouvait suivre dans le sol les cordons rhizomorphes issus des racines des mûriers qui allaient rejoindre les vignes malades.

Dans les deux formes de maladies, on voit toujours sur les racines des mycéliums, tantôt celui de l'*Agaricus melleus*, tantôt ceux de pourridiés : *Rosellinia aquila* ou *Dematophora necatrix*, en général faciles à distinguer et à différencier à l'œil sans le secours du microscope.

Dans les Cévennes, ou donne à ces mycéliums qu'on trouve sur les racines de mûrier, le nom d' « argen vio », vif-argent. Généralement, on pense que c'est à cause de la phosphorescence que présente le mycélium d'*Agaricus melleus* dans l'obscurité. Pourtant, lorsque nous faisions déterrer sous nos yeux des mûriers malades, nous avons entendu qualifier du nom d' « argen vio », un mycélium de pourridié et qui était celui du *Dematophora*, et quand nous avons insisté pour connaître le sens exact qu'on attribuait à ce terme d' « argen vio », on nous a répondu que c'était à cause de la couleur grisâtre et du léger reflet que présentent ces filaments quand on les regarde attentivement, et qui rappellent d'une façon, assez vague d'ailleurs, la couleur et l'éclat du mercure.

La question n'a d'ailleurs aucune importance : il est inutile de s'y arrêter plus longtemps.

L'*Agaricus melleus* se présente sous son apparence ordinaire, avec ses cordonnets rhizomorphes noirs plus ou moins étendus et ramifiés. Si on rencontre une grosse racine, ou qu'on examine la base du tronc, on pourra trouver la forme dont nous avons parlé plus haut de rhizomorphe sous-cortical, étalé en lame, occupant la place du cambium détruit et se divisant en deux parties, lorsqu'on sépare l'écorce du tronc, la déchirure entre les deux feuillets se produisant uniquement dans la partie médullaire blanche du rhizomorphe.

Parfois on peut aussi, si le mycélium est à l'état de végétation active, constater sa phosphorescence.

Si l'envahissement d'un mûrier provient d'un arbre voisin déjà atteint, c'est-à-dire s'il débute en attaquant les racines les plus éloignées de l'arbre, c'est la forme appelée maladie des branches qu'on observe. Les racines ne sont attaquées que peu à peu, et une partie du système radiculaire est déjà tuée quand de l'autre côté, il y a encore des racines intactes et que l'arbre n'est pas encore complètement mort. C'est dans des cas de ce genre qu'on voit apparaître les chapeaux de l'*Agaricus melleus* sur des arbres encore vivants. Ils prennent naissance sur les racines qui sont mortes.

Si l'infection se fait au niveau du collet de la racine, ce qui a lieu quand elle est due à la germination directe des spores, à la mort de l'arbre, on ne trouvera, en général, les mycéliums condensés d'*Agaricus melleus* que dans les environs du point où s'est produite l'infection et à peu de distance au-dessus et au-dessous. Dans ce cas, en effet, le mûrier est foudroyé en présentant les symptômes de la maladie des racines, et on ne verra apparaître les fruits de l'*Agaricus melleus* que longtemps après la mort de l'arbre.

Quand c'est le *Dematophora necatrix* qui produit la maladie des racines, c'est toujours dans des terrains à sous-sol constamment humide qu'elle apparaît, toutes les radicelles sont envahies presque en même temps, à cause de la rapidité de développement du mycélium dans ce milieu favorable. On trouve alors les racines entièrement pourries, noires et saturées d'eau ; sur leur surface les flocons blancs, étalés du mycélium jeune du parasite.

Quand un pourridié apparaît dans une pépinière de mûriers, même si le sol n'y est pas très humide, il les tue souvent très vite. D'une part, la richesse du sol en fumure est une circonstance favorable au parasite ; d'un autre côté, les jeunes plants étant serrés, leurs racines se touchent, le parasite les peut envahir entièrement dans un court espace de temps. Aussi périssent-ils de la maladie des racines. Le cas s'est présenté à nous plusieurs fois et récemment encore nous avons reçu de M. Louis Avesque, de Valleraugue, la relation d'un cas très net de ce genre, accompagnée d'échantillons probants.

Dans les terres plus sèches, le *Dematophora necatrix*, comme l'*Agaricus melleus*, ne produit généralement que la maladie des branches. Sur les racines mortes, on voit le mycélium à tous les états ; tantôt jeune et formé de filaments blancs, tantôt plus âgé et constitué par des cordons ou des plaques aplaties, assez molles, d'un gris plombé virant vers le noirâtre, tantôt enfin prenant la forme d'un stroma noir et plus compact sur la surface des racines.

Nous avons vu que les formes fructifiées de *Rosellinia aquila* ou de *Dematophora necatrix* n'apparaissaient que sur des tissus morts depuis un certain temps déjà. Pour le *Dematophora*, on ne trouve que très rarement les fructifications conidiennes, les arbres sont arrachés en général avant qu'elles aient pu se produire. Pour notre part, nous ne les avons jamais rencontrées sur des mûriers en place dans les champs ; elles se sont produites seulement au laboratoire, dans nos cultures sur des racines que nous avions rapportées imprégnées de mycélium. On sait que les périthèces de *Dematophora* ont été obtenus de même par M. Viala, uniquement dans ses cultures de laboratoire.

Quant au *Rosellinia aquila*, sa forme conidiale apparaît quelquefois sur les racines de mûrier mortes depuis l'année précédente au moins, les recouvrant d'une couche veloutée, grise, mamelonnée. Plus rarement, on trouve aussi des périthèces encore jeunes et dans lesquels les asques ne sont pas encore différenciés. Une seule fois, à Brouzet-lès-Alais, dans la propriété de M<sup>me</sup> de Laroque, nous avons trouvé sur le tronc d'un mûrier mort depuis trois ans, à une profondeur d'environ dix centimètres dans le sol, des périthèces entièrement développés de *Rosellinia aquila*.

Mais plusieurs échantillons récoltés en février ou mars 1892 et mis en culture depuis au laboratoire ont présenté des périthèces venus à maturité.

Enfin dans quelques cas, assez rares d'ailleurs, on rencontre les deux mycéliums sur un même arbre. Dans ces circonstances, la maladie procède de l'un ou de l'autre des deux types décrits, selon les circonstances où elle se développe.

Les racines de mûrier présentent des bandes disposées parallèlement, un peu proéminentes. Lorsqu'on enlève la couche subéreuse externe, l'intérieur de la bande se montre formé de lamelles d'un violet sale, entre lesquelles est interposée une poussière de même teinte. Cette production avait été considérée par Cesati comme la cause de la maladie des racines de mûrier. Il la regardait comme un champignon et l'avait nommée *Protomyces violaceus*.

Ces protubérances n'ont aucun sens pathologique ; elles sont constituées par une simple hypertrophie des lenticelles de la racine. Ce fait a été établi déjà par Gibelli et confirmé récemment par Berlèse[1].

L'hypertrophie apparaît sur les jeunes racines sous l'apparence d'une petite pustule ; en grandissant, elle se développe en un anneau qui peut entourer entièrement la racine. La surface se gerce longitudinalement et laisse apparaître les lamelles violacées, qui sont formées d'éléments subéreux. La poussière violacée interposée aux lamelles est constituée simplement par la dissociation des éléments qui les composent.

Sur les racines tuées des mûriers, on rencontre fréquemment d'autres champignons, mais qui n'y sont pas parasites. Les plus fréquents sont le *Trichoderma lignorum*, en masses mamelonnées blanches tachetées de vert ; le *Stysanus Stemonites* et l'*Echinobotryum atrum*, le second mêlé souvent au premier en parasite ou peut-être même sous la forme symbiotique. Ces deux dernières moisissures apparaissent comme de petits poils noirs, plantés drus et perpendiculairement sur la surface noircie de la racine. Leur importance est nulle d'ailleurs, et il n'y a pas lieu d'insister plus longtemps sur ce point.

A côté des faits de parasitisme dont nous avons parlé, et qu'on peut presque toujours discerner facilement, il est juste de reconnaître que le mûrier peut, comme n'importe quelle plante, plus peut-être qu'aucune autre, souffrir sans être atteint d'une maladie cryptogamique quelconque.

Il n'est pas rare de voir des mûriers dépérissants, dans lesquels on peut supposer que les racines ou le tronc sont envahis. Il n'en est rien, pourtant, nous l'avons reconnu bien des fois. Les racines, dans ces cas, ne présentent rien d'anormal ; si on les met en culture, elles se putréfient sans qu'on voie intervenir le développement d'un parasite quelconque. La cause qui fait mourir ces mûriers, à l'âge où les autres sont en pleine vigueur et donnent leur plus fort rendement, n'est autre que la misère physiologique, s'il est permis d'employer ici ce terme. On les rencontre toujours dans des terres maigres, jamais fumées, ou dans des champs où se font en même temps des cultures épuisantes, du seigle, de la pomme de terre, etc.

1. *Revue mycologique,* année 1891, p. 69.

Le mûrier est une des plantes dont les feuilles sont les plus riches en principes azotés, il est donc nécessaire que le sol où il puise sa nourriture en renferme une quantité suffisante. Aussi, dans le Midi, les terres où le mûrier prospère, se vendent-elles toujours à un prix relativement élevé.

Par sa nature d'abord, le mûrier a de grandes exigences nutritives ; le genre d'exploitation auquel on le soumet : effeuillage radical et souvent taille annuelle viennent encore notablement augmenter ces exigences. Si puissantes que l'on suppose les facultés d'adaptation d'une plante, on ne peut cependant pas admettre, comme certaines personnes ont tendance à le croire, qu'elle puisse jamais s'habituer à un pareil régime, sans un dommage pour sa santé et une diminution considérable dans la durée de son existence. Si l'on parvient à maintenir le mûrier, malgré la façon dont on l'exploite, dans un état suffisamment bon, ce n'est que grâce à des soins culturaux attentifs et à une copieuse fumure.

Il est évident d'un autre côté que des mûriers livrés à l'inculture, depuis longtemps affaiblis et qu'on effeuille et taille malgré cela tous les ans, ne peuvent se défendre longtemps contre l'attaque d'un parasite, si faible que soit sa puissance nocive ; ils sont détruits d'autant plus vite que leur résistance est plus faible, surtout s'ils vivent dans un milieu un peu humide.

La résistance opposée par un même arbre à un même parasite est, d'ailleurs, susceptible de varier dans des limites très étendues ; les comparaisons que l'on peut faire à ce sujet sont fort instructives et démontrent bien l'importance du milieu interne de la plante, c'est-à-dire de son bon ou mauvais état général.

Ainsi dans le Var, où on maltraite moins les mûriers par la taille que dans les Cévennes, nous avons vu à Vidauban des arbres, plantés en bordure dans les champs, dans un sol de fraîcheur moyenne, qui étaient en général vigoureux et bien venants. Sur l'un d'eux, attaqué par l'*Agaricus melleus*, le mycélium feutré, en lames, était monté dans le tronc à une hauteur de plus de un mètre au-dessus du collet, et à 0$^m$,50, il formait encore un cylindre complet, à la place du cambium. Dans les Cévennes, dans des conditions analogues, l'arbre eût été tué au moins deux fois plus vite. Dans les cas, même les moins rapides de la maladie des branches, à la mort de l'arbre, le mycélium ne dépasse que d'une faible longueur le collet de la racine. Le mûrier est tué avant que le mycélium ait pu progresser plus haut.

Ce que nous venons de dire montre bien que l'extension prise depuis quelques années par les maladies du mûrier reconnaît pour principale cause l'état d'abandon dans lequel on a laissé cet arbre.

Depuis assez longtemps déjà, et dans beaucoup d'endroits, on ne prend plus soin de labourer ni sarcler le sol des mûriers et on ne leur donne pas de fumure, ou si on façonne le sol, c'est pour y faire concurremment au mûrier une autre culture.

Et cela s'explique :

Étant donnée la dépréciation subie par le cocon, on avait cessé de se livrer avec autant d'ardeur à l'élevage du ver à soie, certains même l'avaient abandonné. La production s'étant limitée, la quantité de feuilles de mûrier nécessaire à la nourriture des chenilles est devenue moins considérable, et, malgré l'absence de soins donnés aux arbres, la récolte qu'ils fournissaient en feuilles se trouvait encore largement suffisante.

En même temps qu'un grand nombre d'arbres se trouvaient à un moment donné en mauvais état, offrant par conséquent une proie plus facile aux parasites, on a négligé fréquemment aussi certaines précautions qu'on ne manquait jamais d'observer autrefois : l'arrachement des arbres morts et l'incinération des parties attaquées par des parasites.

Il n'est pas difficile de voir que toutes les conditions se sont trouvées réunies, étant donné l'affaiblissement des mûriers existants, pour faciliter la propagation des parasites qui les attaquent.

Aussi le mûrier a-t-il en général dépéri.

Comme on peut le supposer à juste titre, ces maladies du mûrier ne sont pas nées d'hier et brusquement. M. de Seynes les croit aussi anciennes que l'introduction du mûrier en France, qui est au moins contemporaine de l'installation des papes à Avignon, au commencement du xive siècle.

Quelques auteurs qui ont écrit sur la culture du mûrier depuis le siècle dernier, parlent déjà de ses maladies sinon avec grands détails, du moins avec une certaine exactitude.

L'abbé Boissier de Sauvages[1], après avoir constaté l'influence néfaste de l'effeuillage et de la taille annuelle, dit que le peuple attribue la maladie au vif-argent (*argen vio*) caché dans le sol.

Le président de la Tour d'Aigue, en 1787, connaît et définit parfaitement les symptômes de la « maladie des racines ».

Boitard[2] décrit les maladies dont nous avons parlé. Il parle de « la mort des racines », reconnaît sa contagiosité et sait qu'elle

1. *Mémoire sur la culture du mûrier*, Nimes, 1778.
2. *Traité de la culture du mûrier et de l'éducation des vers à soie*, Paris, 1828.

est due à un champignon. Il conseille déjà l'arrachement des arbres et l'isolement de la partie envahie par un fossé comme le meilleur moyen prophylactique.

En 1838, Dunal constatait les dégâts produits par l'*Agaricus melleus* sur les mûriers dans le Gard.

Les maladies des racines se rencontrent à peu près partout en France dans les départements séricicoles. C'est néanmoins dans le Gard où elles sont le plus répandues. Dans la partie nord du département, la région des Cévennes, à Anduze, Lasalle, Saint-Jean-du-Gard, Saint-André-de-Valborgne, le Vigan, Valleraugne, la mortalité des mûriers atteint un chiffre considérable. Aussi le conseil général de ce département, et surtout un de ses membres, M. Teissier du Cros, se faisant l'écho des plaintes générales, ont-ils réclamé une enquête sur ces maladies et demandé qu'on s'occupât au plus vite de chercher le remède à y apporter.

Ceci nous amène à parler du traitement. Là, malheureusement, nous sommes encore insuffisamment armés, ou du moins ne possédons pas de données suffisantes pour conclure d'une façon ferme, et il sera nécessaire de faire quelques tentatives nouvelles.

Il convient avant tout de placer les mûriers dans les conditions les plus favorables à leur végétation et les plus défavorables à leurs parasites.

Disons d'abord quelques mots sur les conditions générales de la culture.

Nous savons que l'humidité favorise beaucoup le développement des parasites ; par conséquent si l'eau est stagnante dans le sous-sol, le drainage s'impose. Et dans les contrées où par suite de l'orientation des montagnes environnantes et des vallées, les pluies sont fréquentes, on doit choisir de préférence un coteau exposé au midi pour faire une plantation de mûriers.

Pour ce qui est des soins culturaux spéciaux, on les connaît : en général, un labour par an et deux sarclages, en évitant de blesser le tronc et les racines, les plaies constituant toujours une porte ouverte aux parasites.

La question des engrais est aussi fort importante. L'analyse chimique du sol donnera à ce sujet des renseignements précieux. En tout cas, l'élément important est l'azote, à cause de la quantité notable qui en existe dans les feuilles. On emploie généralement le fumier, mais les nitrates donneraient également de bons résultats, et l'emploi des engrais verts mériterait d'être essayé dans certains sols.

*

L'effeuillage mérite un examen sérieux. D'abord quel est le résultat de cette opération sur un arbre au point de vue physiologique ? La feuille, par l'intermédiaire de sa chlorophylle assimile le carbone, en présence de la lumière, par décomposition de l'acide carbonique. De plus, elle est un organe actif de transpiration, dont l'intensité est en rapport direct avec la surface offerte par le système foliaire. Cette transpiration est le moteur qui détermine l'ascension du liquide séveux, chargé de sels minéraux, de matières nutritives absorbé par les racines. La feuille supprimée, ces deux fonctions subissent un temps d'arrêt, jusqu'au moment où la plante, utilisant les matières alimentaires qu'elle a en réserve, a développé de nouvelles feuilles. Ainsi donc, pendant un certain temps, il n'y a pas, ou du moins très peu d'apport de liquides venant du sol, ni production de substances carbonées. Dès lors, il était logique de supposer, et le fait a été vérifié expérimentalement par M. E. Faivre [1] que, si l'on prend deux rameaux de mêmes âge et dimensions, le rameau qu'on n'effeuille pas et qui végète normalement prend un développement appréciable pendant un temps donné, tandis que l'autre qui a été effeuillé reste stationnaire.

Toutes choses égales d'ailleurs, il est permis de dire que l'effeuillage annuel affaiblit d'autant plus un arbre qu'il est planté dans un terrain plus sec, moins fertile, moins soigné. On en accentue encore les effets pernicieux, dans quelques endroits, en effeuillant non pas seulement au printemps pour le ver à soie, mais encore à l'automne, avant que le rôle physiologique de la feuille soit terminé, pour nourrir les bestiaux.

Si on a affaire à un mûrier dont la végétation est depuis longtemps languissante, sans que l'on ait à supposer qu'il soit atteint d'une maladie parasitaire des racines, il faudra cesser d'effectuer l'effeuillage jusqu'à ce que de bons soins aient remis l'arbre en meilleur état, et quand on recommencera, procéder avec ménagement. Opérer brutalement, en privant d'un coup l'arbre de ses feuilles, produirait, par l'arrêt brusque d'assimilation du carbone, une perturbation grave dans la nutrition générale ; elle pourrait être suffisante pour faire périr un arbre déjà chétif et ne contenant pas assez de réserves alimentaires pour donner rapidement de nouvelles feuilles.

C'est surtout sur les jeunes mûriers que les funestes effets de l'effeuillage se font sentir. On peut dire qu'en général, il sera utile d'attendre la cinquième année qui suit la sortie de la pépinière

1. E. Faivre, *L'Effeuillement du mûrier*, Lyon, 1874.

pour commencer à effeuiller. On aura d'autant plus de raisons
d'agir ainsi qu'il est bien reconnu que la feuille des jeunes arbres
est moins riche en principes nutritifs et par suite moins avantageuse pour le ver.

Enfin, il sera toujours bon, même sur des arbres adultes, de
veiller à ne pas pratiquer l'opération en une seule fois et la répar-
tir sur toute la durée de la cueillette.

Il y aurait évidemment avantage, au point de vue de la bonne
santé et de la durée des arbres, à établir, dans une plantation de
mûriers, un roulement, une sorte d'assolement fixé de telle manière
que sur chacun l'effeuillage n'arrive que tous les deux ans, ou plu-
tôt encore à n'enlever chaque année sur un arbre que la moitié des
feuilles. Mais alors, ce serait dans la région où la culture du mûrier est la plus répandue en France, c'est-à-dire dans la plus grande
partie des Cévennes, une complète transformation du mode d'exploitation actuel, car la taille, de même que l'effeuillage, se font
presque partout tous les ans. Si l'on se décidait à n'effeuiller
que tous les deux ans, ou à n'opérer chaque année qu'un effeuillage
partiel, il est évident qu'il faudrait modifier le système de taille,
car il serait illogique et désavantageux de supprimer avec des rameaux non effeuillés, vigoureux, les nombreux boutons qui s'y
trouvent. Les feuilles produites par ce système de culture seraient
plus nombreuses et plus nutritives, car l'élaboration et l'assimilation des principes nutritifs s'accompliraient d'une façon plus con-
venable. Mais dans ces conditions nouvelles d'exploitation, la
plus-value obtenue compenserait-elle, au point de vue éco-
nomique, l'augmentation de main-d'œuvre et la perte de temps
qu'exigera la cueillette sur des branches qui forcément seront ramifiées ? En effet, cette opération sera plus compliquée qu'avec la
taille annuelle qui permet d'avoir des jeunes branches droites, non
ramifiées, qu'on effeuille d'un trait. D'un autre côté, n'effeuillant
que tous les deux ans, rien ne prouve, — car à notre connaissance,
aucune expérience n'a été faite à ce sujet, — que la somme de matières nutritives récoltées serait égale à celle qui résulte de l'effeuillage annuel. Si elle était inférieure, il faudrait planter de
nouveaux arbres, et, dès lors, la valeur de l'amortissement du sol
viendrait encore augmenter les frais dont nous avons parlé. Mais,
en même temps, il faut ajouter que, dans ces conditions, comme
les arbres vivraient plus longtemps, il n'y aurait pas à les remplacer aussi fréquemment qu'avec le mode actuel de culture. Il y
a là, croyons-nous, une recherche intéressante à entreprendre.

Sur les mûriers jeunes, les feuilles se produisent en général un

peu plus tôt, il est donc logique d'en commencer l'effeuillage avant
les autres. D'ailleurs, les éducateurs n'ont souvent pas d'autre
ressource, lorsque l'éclosion des vers à soie est un peu précoce.

Il en est de la taille comme de l'effeuillage. L'absence de taille
permet aux arbres de vivre plus longtemps, car elle ne supprime
pas chaque année par l'extirpation d'une quantité de branches
vivantes et surtout jeunes, une portion notable des aliments que
la plante met en réserve pour son développement ultérieur. Mais
la taille a non seulement pour but de faire produire à l'arbre des
rameaux qui moins nombreux sont plus vigoureux et d'aérer les
branches situées au centre, de manière à leur donner un volume
et un développement égaux à ceux de la périphérie ; elle doit
aussi, comme nous avons vu, permettre aux rameaux de croître de
manière que l'effeuillage en soit facile et prompt.

Mais là est l'écueil, et il n'y a pas à se le dissimuler : si l'on
veut, par raison d'économie, continuer de tailler radicalement tous
les ans, il faut se résigner à voir les mûriers mourir prématuré-
ment d'épuisement, si quelque autre cause n'est pas intervenue
auparavant pour les faire périr.

Le traitement curatif à appliquer pour les maladies de racines
est nul. Le mycélium ayant pénétré dans les tissus, il n'existe pas
d'agent qui puisse l'y aller détruire, sans détruire en même temps
les cellules de son hôte. Par conséquent, tout arbre sur lequel on
constate une maladie cryptogamique des racines est de ce fait con-
damné, et il est préférable de l'arracher immédiatement sans laisser le parasite s'y répandre et infecter ultérieurement les voisins.

Quand on aura arraché l'arbre, il sera indispensable de récolter
avec soin les racines et la partie supérieure du tronc qui peuvent
renfermer le parasite, les incinérer complètement en les brûlant
dans le trou même qu'on aura produit en extirpant l'arbre. Il y a
tout lieu de penser que la chaleur du foyer agira à une certaine distance dans le sol, détruisant le mycélium qui s'y trouve enfoui.

Si dans un plant de mûriers un certain nombre d'individus sont
atteints, on pourra, tout en arrachant les arbres malades, tenter de
circonscrire chaque tache, comme le conseillait déjà Boitard[1], par
un fossé assez large et profond pour empêcher les mycéliums de
progresser au delà.

Malheureusement, il y a de fortes probabilités pour craindre
qu'il reste dans le sol des débris de racines malades, quel que soit

---

1. *Loc. cit.*

le soin qu'on ait apporté dans l'extirpation, et chaque débris peut devenir un nouveau foyer d'infection. Aussi y aurait-il grand intérêt à trouver une substance toxique pouvant être pratiquement employée pour anéantir le mycélium du champignon parasite qui continue à vivre dans le sol au milieu des résidus en décomposition. Des recherches devraient être faites dans cette voie : peut-être fourniraient-elles le moyen vraiment efficace d'arrêter les progrès de l'invasion du pourridié, non seulement dans les plantations de mûrier, mais encore dans les vignes et les jardins fruitiers où il cause encore de grands dommages.

---

Nancy, imprimerie Berger-Levrault et Cie.

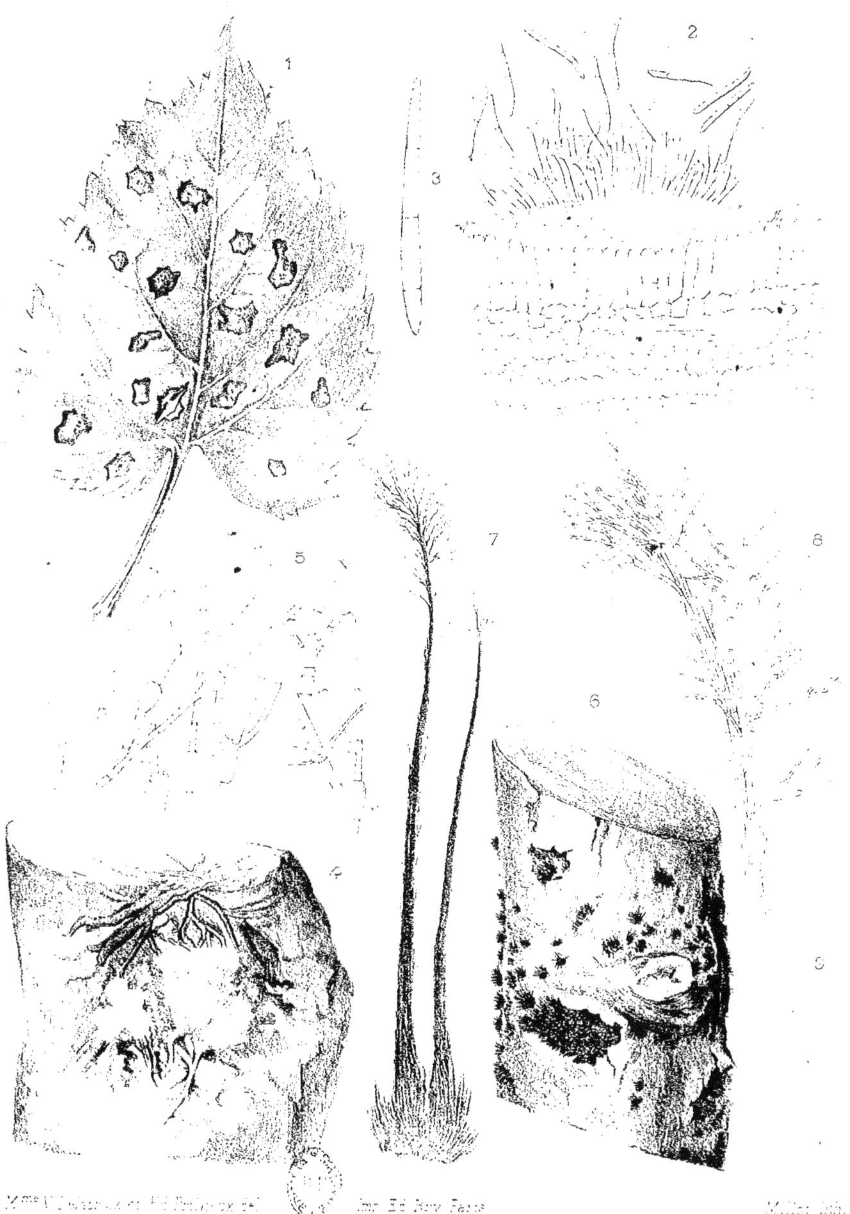


PHLEOSPORA MORI __ DEMATOPHORA NECATRIX

ROSELLINIA AQUILA.

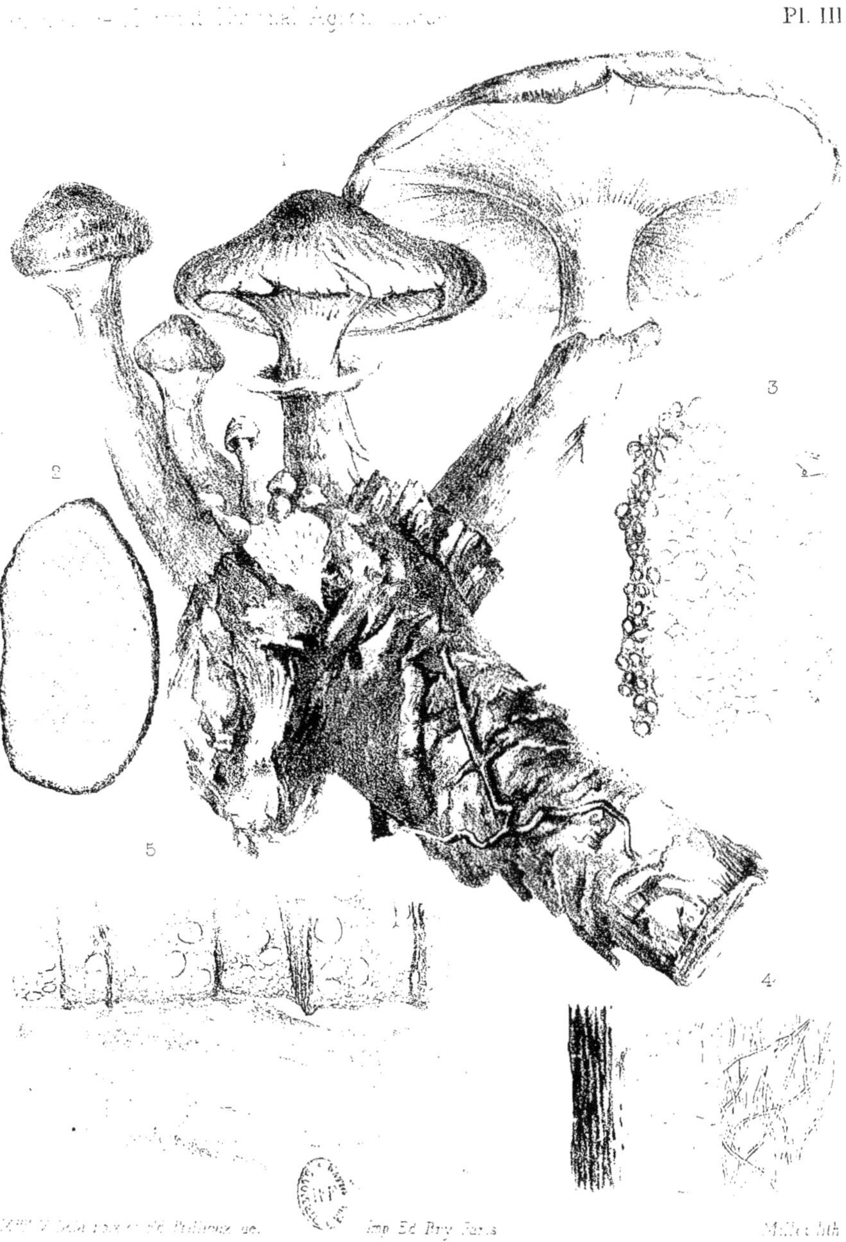

2
3
5
4

Mme V. Delacroix et Ed. Prillieux del.